你是独一无二的，

也是珍贵无比的，

这本书献给 .... ，

愿它呵护你的健康和安全！

《儿童安全童话》

献给我们最珍贵的宝贝，愿它呵护你的安全和健康

让儿童安全教育成为一种习惯

记忆中的小脚丫，肉嘟嘟的小嘴巴，一生把爱交给他，只为那一声爸妈。

我该用什么呵护你？我最亲爱的宝贝。

每个孩子都是家中最闪耀的星辰，我们关心他，爱护他，赞美他，包容他。我们不能容忍在他成长过程中的任何疏忽，尤其是健康和安全。

作为童书编辑，我们也时刻关注社会上关于孩子的各种问题。每当看到新闻当中出现儿童因为意外受到伤害的事情时，我们一边也像孩子的父母一样伤心不已，一边也更感受到我们肩负的责任。如果有足够的安全意识，很多危险原本是可以避免的。作为孩子的守护天使，父母虽然倾注了全部的爱，但终归不能时时刻刻陪在孩子身边。只有通过科学有效的方式引导孩子去认识危险、抵御危险、保护自己，才能为孩子的健康成长保驾护航，让他们安全、快乐地度过成长中的每一天。

倾情奉献

《儿童安全童话》伴你健康生活

孩子本就是天生的童话家，他们充满幻想，他们的心灵是童话的土壤。在这里，只要你播下童话的种子，它就会生根发芽，伴随孩子慢慢长大。

《儿童安全童话》系列丛书为孩子打开了一扇通往神奇世界的大门。在这里长鼻子匹诺曹带我们一同学习交通法规；闯祸大王黄万亲身传授校园事故的教训经验；勇敢的小安妮与小伙伴们展开一段绿野仙踪般的冒险……经典童话人物的穿越改写与妙趣横生的原创精编完美结合，让孩子在享受阅读乐趣时，掌握最实用有效的安全常识和应急方法。

通过阅读本系列丛书，让孩子与童话中的小伙伴们一起养成正确的行为习惯，在遇到问题和深陷困境时能够沉着而且机智地寻找正确方法，灵活应对，从而让自己的童年更加快乐无忧。

呵护儿童幸福

02 家庭安全

✚ 儿童安全童话系列

道尔家的
安全小魔怪

奉贤珠 / 著

金媚希 / 绘

李贵顺 / 译

◎ 山东科学技术出版社

让家成为孩子的安心乐园!

　　平时在家里,孩子喜欢蹦蹦跳跳、上下乱窜地玩。对孩子来说,家无疑是个游乐园,家具等在大人眼里不以为意的东西,小孩子也能玩个花样百出。

　　但是,即便是熟悉的环境,也会潜藏许多看不见的危险。据统计,实际上儿童安全事故发生最多的环境就是家庭。尤其是 0~4 岁的宝宝,在家里发生安全事故的概率最高,比如触电、磕碰到家具上、从家具上跌落下来、被热水或蒸汽烫伤等等。

　　这本童话故事书,是为了向孩子们讲述家具和家中其他物品潜在的诸多危险因素,以便帮助他们保护自身安全。

　　故事的主人公道尔是个淘气包,他和其他这个年龄的孩子一样,好奇心很强。正因为这种好奇心,他才容易闯祸,甚至受伤。

　　道尔的叔叔则向我们展现了大人们的疏忽和粗心大意。正因为叔叔这样的大人，孩子们才会被暴露在更多的安全隐患当中，不经意间发生意外。

　　"在家里总该安全了吧。"这种侥幸心理往往会导致大的安全事故发生。是的，事故通常都是在不经意间瞬间发生的，让我们猝不及防、后悔不已。

　　希望这个故事能让大家对家庭安全事故有个全新的认识，做到防患于未然。

奉贤珠

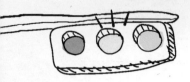

目 录

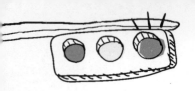

书中角色

道尔

一刻都闲不住的淘气鬼,今年四年级,说话头头是道,但是只是耍嘴上功夫,光说不练。爸爸妈妈去海外旅游了,于是他得跟叔叔暂住一段时间。

叔叔

道尔的叔叔。他的理想是当一名魔术师,天天苦练技艺,但是每次参加魔术大赛都名落孙山。突然来了个不速之客——他的宝贝侄子,弄得家里鸡犬不宁,这回他可有罪受了。

小虎

和叔叔住同一单元楼的男孩儿，刚好一年级。常搞恶作剧的他在电梯里尿尿，被道尔逮个正着。道尔帮助他，让他开始意识到自己的行为是不文明的。

安全小魔怪

来自星星王国的小魔怪。在一次宇宙旅行时不幸遭遇飞船爆炸，跌落到地球，后寄住在叔叔家。它一直坚信，只要叔叔施展神奇的魔法，自己就可以重新回到星星王国。

又麻又痛的电流

道尔是个出了名的小淘气鬼。他每天都要变着花样地搞恶作剧，于是就有了这么个外号。

"哎，本来是想让他像柯南·道尔一样做个思维敏捷的人，没想到天天给我闯祸，真是……"

每次道尔闯祸后，爸爸就会感到头痛不已。要知道，著名的推理小说作家柯南·道尔可是爸爸从小就崇拜的偶像哦。本以为生个儿子可以像大作家那样，没想到……

道尔可不管爸爸担心不担心，依然是每天乐此不疲地搞他的恶作剧。有时候把左邻右舍的门铃挨个按一遍；有时候把电梯里每个楼层的数字胡乱按一通，自己却若无其事地大摇大摆走出电梯。他觉得，唯有这样才称得上是世界上最刺激、过瘾的事。

不过后来发生的一件事，彻底改变了道尔的想法。虽然一开始他是冲着好玩才答应的……

　　道尔放暑假，爸爸因为公务临时决定去美国出差，妈妈也想趁此机会去美国看望姨妈，这样一来，爸爸、妈妈要离家半个月，没人照看道尔了。

　　"切，为什么就不带我？"

　　"当然不能带你了，我们可不敢冒这个险，你要是在飞机上搞什么恶作剧，那还了得？"

　　最后爸妈决定把道尔送到叔叔家住上半个月。

　　"哇！"

道尔立刻欢呼雀跃。

道尔的叔叔一直有个梦想，就是当一名真正的魔术师，所以他每天都苦练魔术技艺。道尔看过电视和一些杂志，大致知道魔术表演的一些奥秘，但是叔叔的魔术表演就高深多了，会让道尔眼前充满好奇。这个暑假能去跟这位魔术迷一起住，道尔想想就兴奋。

"已经跟你叔叔打过招呼了。"

"你叔叔说只要你乐意，他无所谓。"

道尔也不甘示弱，马上接茬道："只要叔叔乐意，我也无所谓！"

看到道尔欣喜的样子，爸妈松了一口气。

当天晚上，叔叔就来接道尔了。

"你平时有没有按时吃饭啊？"

爸爸看到他这位单身的老弟，又忍不住一通唠叨。叔叔只是耷拉着脸回答：

"我过得蛮好的！"

当妈妈把一个厚厚的白信封塞到叔叔手里时，

叔叔的脸顿时笑开了花。看到身为大人的叔叔却像小学生一样无邪的样子，道尔竟然忍不住扑哧笑了起来。

"干脆在我家待着吧。"

"不行，我要准备魔术大会，还要抓紧练习呢！走，道尔！"

叔叔拎起道尔的包快步走到门口，像是恨不得立刻离开这个房间一样。

"爸爸妈妈，我走了！"

道尔小跑着跟上叔叔。

"盯紧了，把孩子看好了！"

爸爸冲着叔叔的背影喊道，显然是不放心。

叔叔家离道尔家大概10分钟车程。那栋楼已经有30多年历史了，破旧不堪。据说那里时不时有魔怪出没，还曾有小孩子亲眼看到过小魔怪，即使在大半夜也能看到魔怪发出的神秘亮光。

想到可以摆脱爸妈的束缚整整半个月，道尔有些激动，高兴得直想傻笑。这种情况下，传闻中

的什么妖魔啦、鬼怪啦，怎么可能吓得住淘气鬼道尔呢？谁提怕字就跟谁急！

"道尔，这半个月你可要好好听叔叔的话哦！"

叔叔大概是看透了道尔的小心思，刚进家门就提醒道尔，说完便仰躺在了客厅地板上。

"哼，小瞧人，我又不是小屁孩儿。"

道尔开始参观叔叔的房子。未来的半个月，他可要在这里生活啊。

叔叔家的房子很小，客厅根本说不上是客厅，旁边连着一个小厨房，地板上散落着叔叔的魔术道具。

"你爸妈可真会挑时候，我现在为准备魔术比赛忙得团团转，非得这个时候丢下你去什么美国……"

"那为什么还要答应照看我？"

"还不是冲着那个装满钱的信封？否则我才不答应呢。唉，都是钱啊……"

"叔叔，你为什么没有钱？"

"搞艺术的不都是这样吗？没办法。"

"艺术？可是爸爸妈妈说你搞的是不能当饭吃的魔术！"

听到这里，叔叔气呼呼地站了起来。

"像你爸爸妈妈这样冷漠的人，怎么可能理解我的艺术世界呢？"

叔叔非常爱惜地抚摸着那些魔术道具。

"道尔，去，给叔叔冲杯咖啡！"

"好嘞，叔叔，你为什么不用魔术给自己冲咖啡呢？"

"咖啡我可冲不了。呵呵，变！"

叔叔摊开手掌，竟然变出一颗鸡蛋。

"再来一个？"

叔叔这回又从嘴里变出一颗鸡蛋来。

"切，什么呀！好无聊，小孩子的把戏谁不会？无聊。"道尔在一旁不以为意地说。

"行，你小子厉害！"

叔叔摆摆手进了里屋，道尔赶忙到厨房用咖啡壶接水。

不一会儿，叔叔拿着他的魔术道具走出来，净是些奇形怪状的木箱子、方巾、羽毛之类的。

"叔叔，这个怎么用？"

道尔瞅着咖啡壶干瞪眼。

"哪个？"

"这个咖啡壶要怎么用？"

"你小子连开水都不会烧，还冲什么咖啡？喏，这个插到这里，搞定了。"

叔叔把咖啡壶的插头插到了插座上。

"水太少了，添点水吧！"

道尔按照叔叔的吩咐添了水。

"瞧你，水都溢出来了。水进到插座里很危险！"

叔叔看到咖啡壶外面淌着水，连忙赶过来。

"哎哟，我的小祖宗，剩下的半个月我可怎么跟你一起过啊！"

叔叔叹着气关掉了厨房的电灯。

"干吗关灯？这么暗！"

"这叫情调，懂不懂？"

"什么情调？"

道尔嬉皮笑脸地笑着，叔叔也跟着呵呵笑起
来。

道尔一开一关玩起开关来，灯光就跟着忽明
忽暗，一闪一闪。

"干什么？"

"制造气氛啊！"

"别闹了，其实我是为了省电才这样的。"

"我就说嘛！"

"少废话，冲咖啡！"

趁着道尔冲咖啡的工夫，叔叔从衣领里掏出花朵，从帽子里拎出兔子，从嘴里吐出鸡蛋，把嘴里吞下去的硬币从耳朵里掏出来，全神贯注地练习着他的魔术。

"哎，无聊！"

"无聊？"

道尔的这句无聊，狠狠地打击了叔叔。

"当然了，这些魔术一点也不稀奇。我们班同学都知道是怎么回事！"

"那你看看这个呢？"

叔叔说着"腾"地跳到了桌子上。那是一张边角有根细铁柱的桌子，叔叔盘腿坐在上面，握住那根铁柱，一点点浮了起来。突然，他松开了手，人却浮在半空。

"这不是利用了电磁原理吗？桌子上事先安装好电磁设备，然后连上电源，这样叔叔衣服里的磁铁就会受到磁场影响，然后就升起来了。"

叔叔关掉了开关，刚才还浮在半空中的身体重重地落了下来。

"小毛孩，这都难不倒你？"

"这些科学杂志上都介绍得很详细呢。"

"所以说问题就在于这些科学杂志，干吗把人家的魔术原理都公开呢？"

叔叔嘟囔着拿起咖啡走进里屋。

"我要睡了，你也睡吧。"

"是，知道了。"

不过道尔才不会乖乖去睡呢，他现在巴不得叔叔赶紧睡着。为什么？眼前放着这么多好玩的玩具，谁还能睡得着呢？

不一会儿，里屋静悄悄的，叔叔大概已经睡着了。

"哇！"

道尔蹦到了桌子上面，想像叔叔那样试试身体悬空术。他虽然嘴上说无聊，但是心里还是不想错过亲身体验的难得机会。

"只要按下这个开关……"

道尔紧闭着眼睛，按下了开关。咦？怎么身体一点都没有动。咔嗒咔嗒，他来回又按了几次开关，还是没反应。

"难道这个东西还认生？"

道尔从桌子上跳下来，开始仔细观察桌子。

"到底是什么原因呢？嗯……噢，原来是忘了穿磁铁衣服了。不过，衣服让叔叔拿到里屋了，总不能开灯进去乱翻一通吧。万一把叔叔吵醒了就全泡汤了。怎么办？"

道尔咬紧下嘴唇仔细想了想。

"好吧，我也喝杯咖啡慢慢想。难得有机会喝叔叔的咖啡，我可不能错过！"

道尔把咖啡壶的插头插到了插座上。

"咖啡好，咖啡妙，咖啡味道呱呱叫……"

道尔哼哼着，等水烧开，却闻到了奇怪的气味。

"什么气味？"

道尔吸着鼻子仔细闻了闻，一股烧焦的气味，仔细一看，发现插座竟然在冒烟。

"啊，不好！"

道尔慌忙去拔掉电源插头。就在那时，嗞嗞，手感到针扎一样的疼痛。

"啊！"

道尔尖叫着瘫坐在地上，客厅的灯也瞬间熄灭，屋内顿时一片漆黑。

"怎么了？"

叔叔听到尖叫声慌忙跑出来。

"干吗关灯？道尔，你受伤了？"

黑暗中叔叔摸索着靠近道尔。这时，灯又突然亮了起来。

"道尔，伤到哪里了？"

道尔好不容易才缓过神儿来。

"嗯……没事。插座冒烟，我就去拔插头，结果触电了。"

"太危险了！"

叔叔倒吸一口凉气，仔细去查看插座。

"看起来应该没什么故障，不过明天我还是找个电工来检查一下吧。道尔，记住，插座不可以随便乱碰，知道了吗？"

叔叔关掉灯，拉着道尔走进里屋。

就在这时……

"哎呀，累死了。"

门口的漏电保护器里，有个什么东西在蠕动着，只见一缕烟缥缈而出，原来是个长相怪异的怪物。幸好叔叔和道尔进了里屋，否则他们肯定会被眼前这一幕吓晕。

"都怪漏电保护器坏掉了。要不是我眼疾手快修理好了，道尔恐怕早就没命了。唉，好久没干活了，累死我了，我得进去好好休息一下。"

他是谁？他就是来自遥远宇宙的安全小魔怪！

在一次宇宙旅行中，因为宇宙飞船发生爆炸，他被吹落到地球。其实他的真正身份是星球安全技术员，专门负责星球世界中的安全。

刚来到地球时，他又哭又闹，怕自己孤零零的，没法在这人生地不熟的地球上生活。不过慢慢地，他适应了这里的生活，还学以致用，专门负责叔叔家的用电安全。

为什么？因为他知道道尔的叔叔是个魔术师，总有一天，他可以借助叔叔的魔术回到自己的星球。

安全守则牢记心间

　　道尔的父母因为有事前往美国，只好把道尔暂时交给叔叔照顾。叔叔的理想是成为一名魔术师，目前一个人住在有30多年历史的老房子里。

　　趁着叔叔睡着，道尔想给自己冲杯咖啡，于是把咖啡壶的插头插到插座上，等着水烧开。没想到插座上开始有奇怪的气味，并且冒出一股烟。道尔吓得赶紧用力去拔插头，就在那一瞬间，手像是被针扎一样，电灯也灭了。这时，藏在叔叔家里的安全小魔怪启动了漏电保护器，让道尔避免了一场灾难。

　　使用插头、插座时要格外小心，在一个插座上插过多的电器插头，或者用湿手去摸插座，都是极其危险的事情。

🚗 电器安全器——漏电保护器

　　家中应该设有电器安全器，也叫做"漏电保护器"。当电流超过一定数值时，就会启动断电装置，停止供电。

危险的电器事故类别

1 由电器引发的事故，通常伴随着火灾，会威胁到我们的生命。所以平时要多检查电器，以免发生危险。

2 漏电是指断电装置发生故障或破损时，电流跑到电线外面的现象。防止漏电的保护器可以感应到漏出的电流，并切断电源。

3 触电是指电流通过身体造成巨大伤害甚至令人失去生命的事故。用湿手触碰电源时，就很容易发生触电事故。

4 短路是指电路过热或外力导致电线表皮脱落时，正电线和负电线连接的现象。短路会引起火灾，甚至有爆炸的危险。

▲ 高压电线的输电塔周围很危险，千万不要靠近。

 一 使用电器须注意

1 外出时，一定要把电暖器、电热风扇等电热产品关好，拔掉插头。使用过程中也要避免将电器碰倒。

2 避免在电热产品附近存放或使用易燃物品。

3 不用的电器应拔下电源。拔插头时，要按住插座再用力。

电器上方不要堆放杂物

4 不用铁丝或筷子等物品乱戳电器的底座和插座。

 二 停电时须注意

1 应拔下电暖器、电视、电脑等电器的插头，点亮蜡烛或开启手电筒耐心等待恢复供电。

别怕，向上推保护器开关就搞定

2 如果只是自己家里停电，可以查看配电箱，推上漏电保护器的开关。

3 等到重新开启配电箱并供电正常时，再把所需的电器插头逐一插上。

4 插插头时，如果有火星出现或再次停电，应立刻停用该电器。

停止

三 触电时的应急措施

1. 首先要切断电源，拔掉电器的所有插头。仅仅关掉开关是无法彻底阻断电流，必须拔掉插头。如果是由裸露的电线造成的触电，应穿上胶鞋或站在干的板凳上，戴上橡胶手套，用干的木棍等绝缘体将电线挑开。

2. 拉开触电人员时，也要佩戴橡胶手套，或用干的木棍、被子等绝缘体施救。

   > 看到有人触电时，千万不能直接用手触碰

3. 如果患者意识清醒，可将他挪到安全的位置，然后打电话叫救护车。

4. 如果触电的人停止呼吸或摸不到脉搏时，应在急救人员到达前坚持实施人工呼吸及心脏复苏措施。

这一点很重要哦！

雨季应小心漏电、触电事故

如果房屋有被暴雨淹没的危险时，应把屋内所有电器的插头拔下，以确保安全。可用漏电保护器进行断电，或拉下配电箱的总开关。

◎ 如何防止漏电、触电事故

★不要用湿手触摸配电箱。配电箱淋湿时，应用干布包裹后再小心开启。

☆不要随便触碰路边的电线杆、路灯、信号灯，以免发生触电危险。

★家用电器应转移到安全的位置。被水浸泡的家用电器不可随意接触和使用。

看不见的煤气杀手

"开饭了，道尔！"

道尔刚起床，叔叔就喊开饭。

"有什么好饭？"

"烤五花肉。"

"一大早的，吃什么五花肉啊？"

"怎么，没人规定一大早不许吃五花肉吧？"

叔叔哼着小曲，把饭桌上便携式煤气灶的开关打开。"啪"的一声，蓝色火苗立即蔓延跳跃起来，舞动的样子很吸引人。

"哇哦！"道尔不禁感叹道。

"怎么了？"叔叔问。

"我觉得叔叔系着围裙，实在是太潇洒了。"

道尔竖起两个大拇指由衷地赞美叔叔。

"这小子，还算懂点审美。"

叔叔乐滋滋地开始烤五花肉。

道尔会心一笑。

经过一个晚上的相处，道尔感觉和叔叔亲近了许多。

五花肉诱人的香味蔓延开来，道尔的肚子也咕咕叫了起来。

"快吃，五花肉要趁热吃，凉了可就不好吃了。"

"没有生菜吗？"

"辣白菜可比生菜好吃多了！"

"我就喜欢生菜嘛！"

"一大早就吃生菜，犯困！"

道尔无奈地摇摇头，显然是抵挡不住叔叔的三寸不烂之舌。

"好吃吗？"

"嗯，味道棒极了。"

吃饭的时候叔叔一个劲儿和道尔聊天，显然

是单身生活让他尝尽了孤独的滋味。

"今天您做什么？"

"还能做什么，练魔术呗。比赛剩不了几天了，不睡觉熬夜练，时间也未必够用啊。"

"那这次预选能通过吗？"

"开什么玩笑？我的目标就是夺冠。"

"啊，真的？"

"等着瞧。叔叔的大名肯定会载入世界魔术史册的。"

说到这里，叔叔突然把盘子挪到了一边。

道尔心领神会立刻让到一边，摆了个舒适的姿势，像极了老练的观众。

"看好了！"

叔叔从口袋掏出打火机。咔嗒一声，按下开关，火苗顿时冲了出来。

"叔叔，打火机火苗长长的才过瘾。再长点！"

"这已经很长了！"

叔叔又取出一块手帕。

"下面这个魔术，你肯定没见过。"

不过道尔似乎已经猜到了下面要表演的魔术内容，漫不经心地晃悠着两条腿，却一不小心"咚"一声撞到了桌腿上。

"啊呀！"

"小子，看个魔术不用这么激动吧？"

叔叔惊讶地看着道尔。

"额，不是的，其实是……"

"好好，知道了。你心里怎么想的难道叔叔还不清楚？呵呵。"

叔叔用打火机去烧手帕。

奇怪的是，手帕并没有被烧掉，而是安然无恙。

叔叔左右晃动着打火机，继续烧手帕。火苗甚至从手帕中穿了过去。

尽管叔叔的表演很卖力，演出很精彩，但是道尔仍然不为所动。

"叔叔，这些科学杂志上也已经介绍过了。"

"什么？"

叔叔像泄了气的皮球一样，一下子兴趣全无。

"我知道！这就是秘诀！"

道尔指了指火苗。

"上面的红色火苗叫做外焰，下面的蓝色火苗叫做内焰。这些蓝色火苗温度低，不能点燃手帕，因为接触空气少。这就叫'燃烧与非燃烧的秘密'。"

叔叔关掉打火机，有气无力地问：

"其他小孩也都知道吗？"

"那当然，现在看科学杂志的小孩多得很呢！所以啊，叔叔还是多练练新技术好了。"

"这可不是技术，是艺术，懂吗？"

"如果是别的魔术师，那肯定是艺术，但是叔叔嘛……不太像。"

"好！就你行！"

叔叔铁青着脸，怒气冲冲地走出家门。

"叔叔，你去哪儿？"

道尔冲着叔叔的背影喊，却没听见有应答。

"难道是去做运动？"

随着"咣"一声关门声，道尔脑子里瞬间闪过一个点子。他抓起叔叔方才用的打火机，"咔嗒"一声点着。"嚯"，火苗冲了上来。然后道尔便学着叔叔的样子，去烧手帕。

不好，手帕一下子被点着了。

"哎呀！"

道尔一把甩掉手帕和打火机，于是手帕在饭桌上热闹地燃烧起来。

"糟糕！"

道尔赶忙接来自来水洒上去。嗞！手帕上的火苗熄灭了，升腾起一股白烟。

"哎呀，吓死我了，真是万幸，差点闹出大事。奇怪，为什么手帕会烧着？我明明是用蓝火去点燃的啊？"

道尔有些不甘心，去厨房拧开了煤气灶。嗞嗞嗞……拧开煤气灶开关时特有的这种声音，让道尔感觉很舒服。

以前妈妈从来不让他碰煤气灶，一下都不许。

"千万不能把手靠近煤气灶。很危险！"妈妈瞪着眼严肃地说。

现在到了叔叔家，厨房的煤气灶可以随便用，道尔觉得很兴奋。看来跟着叔叔生活还是有点好处的。

可惜的是，手帕烧没了，魔术也没法进行下去了。

"算了，还是煮个方便面吃好了。"

道尔用小锅接了水，放到煤气灶上。平时经常看妈妈煮面，所以道尔觉得煮面这种小事难不倒他。

　　水咕嘟咕嘟烧开了，道尔取出方便面放到锅里。大概是锅太小的缘故，还没等放调料，汤就溢了出来，把火给浇灭了。

　　"重新打开就搞定了！"

　　道尔不紧不慢地再次打开煤气灶。

　　奇怪，总是打不着火。

　　"难道是坏了？"

道尔心里咯噔一下。

"要是让叔叔知道了，肯定又会训我了！ 不过……应该不会那么倒霉吧。肯定是煤气欠费了，或者就是别的地方正在抢修煤气管道，临时掐断了煤气。"

道尔总觉得放心不下，只好努力安慰自己：

"不可能浇了点汤汁就坏掉的。要是这么容易就能弄坏，那也太不经用了。那种破烂谁还会用？"

想到这里，道尔感觉不那么紧张了。

"面怎么办？"

道尔决定就这么吃，因为实在是难以抵挡方便面的诱惑。他把小锅拿到桌子上吃起来。

呼噜噜！

"嗯，看来我的手艺还不错！"

道尔对自己的厨艺感到很满意。

这时，叔叔推门进来了。

"叔叔，快来尝尝我的方便面大餐，味道好极了！"

"刚吃完五花肉，又吃方便面？还是你自己慢慢'享用'吧！"

叔叔话音刚落，人就像雕像一样定住了。

"喂，什么味儿？"

"当然是香喷喷的方便面了！"

叔叔突然趴在地上抽动着鼻子仔细闻。

"是煤气！"

只见叔叔原地跳起来，急忙推开窗户和房门。

"你到底干了什么？"

叔叔暴跳如雷，那样子像极了妖魔鬼怪。

可是，在这本应害怕或掉眼泪的严肃时刻，道尔竟然想到叔叔这样气急败坏，肯定是因为被妈妈训了一通……

"我肚子饿，煮了点面……"道尔吞吞吐吐地说。

45

"我把煤气灶给弄坏了。"

叔叔手忙脚乱地掉煤气管道阀门，又关掉了煤气灶的开关。

"嗯……并不是煤气灶的问题，是因为汤汁溢出来才会点不着火。不过火灭了你却没有关闭阀门，所以刚才一直有煤气泄漏。"

叔叔倒吸一口气。

"差点出大事！管道的阀门开着，你再把煤气灶上面的开关打开，知不知道会有什么后果？"

道尔这才明白为什么叔叔这么生气，原来刚才一直漏气，他却没有察觉。

"连这些都不懂，还好意思吃什么方便面！"

叔叔对道尔数落个没完。

道尔像哑巴一样闭上了嘴。因为刚才被叔叔这么一说，他自己也吓出一身冷汗。此时，他就像个有罪的小绵羊一样，盯着饭桌惶恐不安。

不过这一幕，统统被角落里的一个人看到了。那就是安全小魔怪。

其实，当煤气开始泄漏时，安全小魔怪就立

刻现身了。"变！"他的魔棒一下子变成了大扇子。小魔怪挥动着扇子，把屋里的煤气统统扇到外面去了。

那么，叔叔闻到的到底是什么？原来是安全小魔怪挥动扇子时太卖力了，一不小心放了个臭屁。

"哈哈哈，大概是扇子太大了，用力过大，才会……不过叔叔家的煤气灶是应该换一个了。换成那种水溢出时能够自动断煤气的安全型煤气灶。唉，叔叔要赶紧多挣点钱，我才有好日子过啊！现在多了个道尔来添乱，简直是一刻也不得安宁。"安全小魔怪擦着满头的大汗嘟囔道。

道尔独自在家时，突然感到肚子饿。于是把小锅接上水，放到了煤气灶上，打算煮方便面吃。不过汤水一冒出来，火被浇灭了，再点也点不着了。糟糕的是，道尔没关掉总阀和煤气灶点火开关，就优哉游哉地坐着吃起了方便面。

叔叔回到家，闻到煤气味，迅速开窗，并关掉煤气灶开关。而此前，煤气一直往外泄漏着。多亏安全小魔怪，用力把那些气体扇到了屋外，否则后果不堪设想。可能会让道尔煤气中毒，或者发生火灾、爆炸。

用完煤气后，一定要关好总阀和开关。虽然煤气是干净、方便的燃料，但是会引发火灾和爆炸，所以要格外注意安全！

🚌 危险的煤气中毒

煤气中毒是指吸入一氧化碳过量发生中毒现象。煤气中毒事故通常因家用蜂窝煤、木炭燃烧时产生的一氧化碳过多，或因煤气锅炉安装不当而引起、煤气灶使用不当而引起。化工厂、化粪池、地面水箱也经常发生有毒气体中毒事故。一氧化碳中毒时，会出现呕吐、眩晕、呼吸困难等症状，严重时甚至发生昏厥。

▲ 蜂窝煤燃烧时产生的一氧化碳，即便是极少量，也可能威胁到人的生命。

煤气、天然气特点

1 煤气在日常生活中用于取暖和烹饪，是一种几乎零污染的燃料。

2 煤气点火或关闭，都很方便。点着后瞬间就能达到很大火力。

3 煤气便于储藏和运输。在城市常用的煤气，可以通过煤气管道输送到千家万户。

4 煤气泄漏到空气中，和氧气混合达到一定比例时，遇火会引发爆炸。在密闭的空间里长时间吸入一氧化碳，会发生窒息事故。

5 发生火灾时，如果附近有装有煤气的容器或储存罐，很可能会发生爆炸。

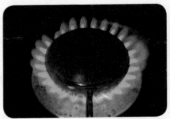

▲ 蓝色的燃气火苗比红色更安全。

▲ 家里长期无人居住时，应关好煤气总阀。

 一 安全使用煤气

1. 打开煤气灶时，要确认是否能打着火。如果在没打着火的情况下打火开关，会导致煤气泄漏。

2. 使用煤气时，将出气孔调节到蓝色火苗状态。另外，还要经常通风，确保室内空气不受污染。

3. 煮食物时，如果水溢出导致煤气灶熄火，应先关掉煤气阀门，开窗通风后，再重新点火。

4. 使用完煤气灶，必须关掉总阀门，并且把煤气灶清理干净，防止出气孔堵塞。

5. 经常检查煤气灶是否存在泄漏问题。在总阀上沾上肥皂水，查看是否有气泡出现。软管的连接部分也应定期检查。

二 煤气泄漏时怎么办？

1. 关掉煤气灶点火开关，关闭中间阀门和总阀。

2. 不用火柴、打火机点火，不打开电器开关，以免产生火星。

一点火星也可能引发火灾

3. 打开窗户和房门进行通风。同时挥动扫把、靠垫、扇子等帮助排出煤气。

4. 联系销售处或煤气管理部门，了解正确的应急方案。

三 不慎吸入煤气时的应急措施

1 在去救援煤气中毒者之前，应先佩戴好口罩或屏住呼吸。因为施救人员同样暴露在危险环境中。

2 敞开房门，拨打 110 报警。开窗通风，降低室内的煤气浓度。

3 将煤气中毒者抬到室外，用毛毯包裹好身体，在鼻子和嘴上放块儿湿毛巾。

外出时一定要确认好煤气灶是否关好

4 中毒者停止呼吸或心脏停止跳动时，应立即实施人工呼吸及心肺复苏术。

5 出现头痛、呕吐症状时，让中毒者喝温饮料，并躺在凉爽的地方休息。

这一点很重要哦！

使用煤气灶时需注意

煤气灶是我们烹饪时使用频率最高的加热工具。煤气灶应安装在空气流通良好的位置，并使用大火力的城市煤气或液化煤气。

◎ 烹饪时注意事项

★避免火苗过大。

☆烹饪过程中应看好火，以免液体溢出。

★避免食物烧焦时也开着煤气灶。

☆易燃物品要远离煤气灶。

第三个故事

哎呀，柜门夹到手啦

"这是人屋，还是猪圈啊？"

叔叔的女朋友刚进门，就皱起了眉头。

叔叔不好意思地挠挠头。

谁叫他被抓住把柄了呢，满屋子乱糟糟的都是衣服啦、碗啦、魔术工具啦什么的。

"就你这样，活该讨不到老婆。"

"进来再说。"

叔叔的女朋友这才像踩石头过河一样艰难地走了进来。

"阿姨，你好！"

道尔尽可能让自己表现得热情一些。

"嗯，你就是道尔吧？你叔叔经常提起你。"

"阿姨，我帮你冲杯咖啡吧。"

道尔觉得应该让叔叔的女友消消气，于是想尽量表现得乖巧一些，觉得这样才不会耽误叔叔的终身大事。

"阿姨，两勺咖啡加两勺伴侣，再加一勺糖，可以吗？"

其实道尔叫她阿姨，也是看在叔叔的份儿上。不过叔叔的那位女友却显得并不怎么领情。

"嗯，谢谢，不用了，我还有事先走了。连坐的地方都没有，喝什么咖啡？"

"怎么了，午饭总要吃了再走啊。我叫外卖，咱们中午吃炸酱面如何？"叔叔一脸尴尬地挽留。

只见叔叔的女友撇撇嘴：

"在这里吃炸酱面？还是留着你自己慢慢享用吧。我走了！"

"等等，我送送你。"

看到叔叔跟着出门，道尔叹了口气。

"看来又泡汤了。"

其实道尔也觉得叔叔家一片狼藉，一点不亚于战场。怪就怪叔叔一个人生活，没人照料；也怪他心思都在魔术上，顾不上收纳整理。说到底，叔叔家根本就没什么家具可以把这些凌乱的物品收拾进去。

看到叔叔回屋，道尔说了一句：

"叔叔，其实我也觉得你是有点过分啦！"

"小子，少来这一套。我这叫无牵无挂，一身轻松。"

叔叔若无其事地笑笑。

"一身轻松？切！瞧瞧这个屋子，走路都能绊倒。还是去买些家具整理一下吧。"

"哪来的钱？"

"跟爸爸要不就行了？"

"还是算了！吃人嘴短，万一他要是让我金盆洗手，不要再练魔术，那就糟了。"

叔叔显得很害怕。

"为什么？"

"现在他只要见到我，就嫌我不上班、不讨老婆，唠叨个没完。要是我再跟他要钱，那还了得？肯定会叫我改行的！"

"哦，原来如此。看来叔叔的魔术得快点儿成功了……"

道尔不免替叔叔担心。

"谢谢你。看来还是道尔最明白叔叔的心思了。

不过，没有家具的确挺不方便的，是吧？"

"那当然。"

叔叔家既没有衣柜，也没有书柜，所有东西都在客厅和卧室的地板上横竖散放着。所谓的家具，只有一张桌子，因为叔叔还要用它来练他的魔术，好参加比赛。

"叔叔，你还是快点结婚吧。这样你就可以买新家具了，爸爸也不会说你了。"

"哎，哪个女人会嫁给我啊？刚才那个阿姨不也说了，这副模样，难讨老婆！"

"哦，知道了。所以说并不是为了结婚去买家具，而是有了家具才能结婚是吧？哈哈！"

叔叔也被道尔的话逗得哈哈大笑起来。

"哦，有了！"叔叔突发奇想地喊道：

"我们去旧物中心吧。如果好好挑一挑，应该能找到像样的家具。"

道尔听了顿时两眼发光。

"太好了！哈哈！我们去挑个衣柜，再挑个书柜吧！"

道尔忍不住兴奋地跳了起来。

"叔叔，你快点嘛！"

"哎呀，出门之前总得让我准备准备吧！"

叔叔可不管道尔心急火燎的样子，慢腾腾地做着准备。穿上工作服，再套上棉手套。

"不管做什么，首先要把准备工作做到位，懂吗？"

"知道了，知道了！咱们快点！"

道尔冲出房门，一个劲儿地催着叔叔。

刚好叔叔住的公寓有几家搬家，所以一些质量蛮好的家具，都被闲置在"旧物再利用中心"。

道尔和叔叔赶到公寓"旧物再利用中心"，看到许多邻居搬家时丢弃的家具，都被整齐摆放在这里。

"哇，今天可是赚到了！"

叔叔显然是心情大好，咧着嘴笑。他们从那些家具当中看到了不错的衣柜和书柜。

"要是再有张床就好了。"道尔惋惜地说。

62

在叔叔家这几天最不方便的就是没有床，因为道尔从小在床上睡习惯了，现在突然打地铺，感觉睡不踏实。

"哇，这个相当不错啊！"

叔叔满面春风地笑着打开衣柜门。不大不小，质量也没问题，除了样式稍旧了一些，其他真是无可挑剔。

"怎么样？不觉得放到叔叔屋子里很配吗？"

"嗯，应该可以放不少东西。"

除了衣柜，他们还挑选了一个书柜和两把椅子。道尔最满意的还是那个书柜。

把家具搬到家里可不是件容易的事。把东西

一件件整理进去，同样是件费力气的事。

"这么多，什么时候才能弄好啊？"

他们费了九牛二虎之力才把家具搬到了屋子里。一进屋门看到地上散落的杂物，道尔和叔叔都泄了气。

"叔叔，就那么随便塞进去不行吗？"

"喂，随便塞还要家具干吗？我们还是分工进行好了。你往衣柜里放衣服，我去整理书。来吧，分头行动！"

叔叔有条不紊地指挥着道尔干这干那。

道尔呢，叔叔往这边看过来时，就装模作样地把衣服叠好放进衣柜，等到叔叔转过头，就胡乱往里边一塞了事。

随着时间一点点流逝，屋子里也清理得越来越干净了。

"总算像个人住的地方了。"

叔叔满意地环顾着屋子的每个角落。

"那个，不放里面吗？"

道尔指着角落里的魔术工具问。

"当然要放了。来，把这些魔术工具都放到衣柜里吧。"

叔叔吩咐完毕，就进了洗手间。

道尔把那些魔术工具统统扔进了衣柜里，还有那些奇形怪状的箱子和木板。

"搞定！"

道尔大功告成，"哐"一声关上衣柜门。

"啊！"

道尔一声尖叫，立刻捂住手。原来是手被衣柜门夹住了。

"怎么了？"

叔叔来不及上厕所就冲了出来。道尔疼得一句话也说不出来，只是捂着手一脸痛苦状。

天啊，怎么会这么钻心地痛？就像是被饿狼狠狠咬了一口一样。

"这可怎么办？"

看到道尔紫红的手指，叔叔也手足无措。道尔脸上早已泪涕横流。

不过这已经是不幸中的万幸了，如果不是安全小魔怪，恐怕……

"哎呀，为什么叔叔家总是鸡犬不宁。幸好有我这个小魔怪在叔叔家里伺候着。要是没有我，道尔的手指头恐怕早就……唉，不敢想象！"

原来，就在道尔的手指要被衣柜门夹住的一瞬间，安全小魔怪立刻挺身而出，把他的魔棒塞到了门缝里。多亏了这一招，道尔的手指才只是受了轻伤，没有大碍。

　　"哎哟，我可怜的魔棒。瞧瞧，木棒都给压断了。我的魔棒，对不起喽！"

　　安全小魔怪把衣柜上松动的合页卸掉，重新安装了结实的安全合页。

　　当然，叔叔和道尔是不知道这些的。叔叔还

在十分卖力地给道尔表演他的魔术，好安慰道尔，减轻他的痛苦呢！

"慰问演出，变！"

叔叔搓了搓手指，顿时从指尖袅袅升起一缕烟。

"哇，你是怎么做到的？"

这回道尔也觉得很神奇。

"保密！"

叔叔感到了一种久违的莫大的成就感，开怀大笑起来。

"切，等我弄清楚了，就知道叔叔的魔术没什么大不了的了！"

道尔虽然嘴上不以为意，但是心里不由得对叔叔佩服起来。

"到底是怎么做到的？"

道尔很想知道其中的原理。

等到叔叔进了洗手间，道尔仔细观察了一下那些魔术道具。

"难道是手指上涂抹了火柴粉末？"

不过那些道具上并没有粉末的痕迹。

"没错，肯定是为了骗我给藏起来了。难道藏到了书柜里面？难怪叔叔刚才整理那些书那么专注……"

道尔开始翻找书柜的每个角落。

"没有，这里也没有……"

道尔索性把书都拿出来一本一本找，不过并没有找到火柴盒。

"难道在上面？"

道尔拿了把椅子站到上面，想看看书柜上面到底有没有。他踮起脚尖去看书柜上面。

突然，椅子打了个转，道尔失去了重心，直接摔到了地板上。

"哎哟！"

道尔在地板上打着滚儿，嗷嗷大叫，感觉尾椎骨都被摔坏了。

但其实这时，他的屁股下已经垫着安全小魔怪了！

　　"哎哟，好重，我都眼冒金星了。刚才要不是我及时给他垫屁股，恐怕眼冒金星的应该是他了。站在椅子上时，可一定要注意安全！"

　　道尔叔叔家里没有家具，除了一张桌子供叔叔练习魔术，其他什么衣柜啊、书柜啊都没有。于是道尔和叔叔去旧物再利用中心挑选了一些可用的旧家具。

　　就在整理完衣服关衣柜门时，道尔的手指被夹住了。都怪衣柜上面的合页松动，导致门缝有了空隙夹到手。看到紫红的手指，道尔哭得一把鼻涕一把泪。问题是道尔并不吸取教训，又搬来椅子站到上面，去找叔叔的魔术道具，结果失去重心，狠狠地跌在了地板上。

　　虽然家具是我们日常生活中最常见的物品，但是在使用过程中千万不能大意，以免夹到手指，或者碰到边角，导致脸上或胳膊上出现伤口，甚至发生骨折。

▲ 如果合页松动导致门的缝隙过大，应及时更换安全合页。

🚗 被门缝夹到很危险！

　　通常，儿童家具也会使用普通合页。这时，家具主体和门之间的缝隙，很容易夹到孩子的手，甚至发生骨折。家具公司应严格选材，使用安全合页，并且将家具可能引发的事故警告贴在家具表面。因为惯性随时可能自动关闭的出入门或卧室门，应该配上房门安全扣。

家具引发的各种安全事故

1 磕碰到家具棱角，导致脸、胳膊、腿上发生淤青或伤口。

2 从椅子或床上跌落导致跌伤。如果头部受到撞击还可能导致脑震荡。

3 不要攀爬小型家具，以免跌落发生皮外伤或骨折等。

4 出于好奇爬进滚筒洗衣机，会发生窒息事故，或者掉进水桶里发生溺水事故。

5 百叶窗和窗帘的环扣缠绕脖颈，会导致窒息，应格外小心。

▲ 避免孩子磕碰到桌子或椅子的边角。

一 在沙发或床上应注意

1　不要在沙发或床上蹦跳，以免头部撞到墙壁或床头木板上。

2　不要睡在成人床上，因为很有可能被墙壁和床之间的缝隙夹到手指，也有可能被成人厚重的被子压到，影响正常呼吸。

3　不要站到有靠背的椅子或儿童沙发上。因为这类家具不够结实，难以承受身体的重量或突如其来的冲击力。

千万不要在床上蹦蹦跳跳

二 书桌或餐桌注意事项

1　避免磕碰到书桌或餐桌的角上，最好是在角上套上安全防护角。

2　不要站在转椅上旋转着玩。也不要站在椅子或板凳的某个边角上。

3　不要钻到书桌和餐桌下面玩耍，以免头部发生碰撞。

4　不要站到书桌或餐桌上玩耍。在狭窄的空间玩耍，很容易发生跌落事故。

5　不去乱碰厨房灶台上的餐具。避免上方餐柜的厨具掉落砸到头部。

千万不要站到旋转椅上，以免失去平衡发生危险

三 当心衣柜和隔板伤人

1 不要进到衣柜或衣橱里玩耍，以免柜门关上无法打开。

2 去够高处隔板上的物品时，要选择结实、面宽、稳当的椅子，不要使用转椅。

3 不要乱推或摇晃书柜，以免导致书柜上的书掉落或书柜倒下来砸到自己。

4 将重物放到隔板上面时要拿稳，以免砸到自己。

被家具压到身体很危险

5 不去乱碰装有各种器皿的橱柜以及装有药品的药品柜。

这一点很重要哦！

选择儿童家具

在选择儿童家具时，除了色泽和外形设计，还应重视性能安全。要选择使用寿命长、结实、棱角处理圆润的家具。最好是可调整高度的家具，便于孩子维持正确姿势。

◎ 如何选择安全的儿童家具

☆必须是采用经过安全验证的材料制作而成的家具。

★所选材料必须为绿色环保材料，将污染因素降低到最低。

☆选择不会诱发过敏、不添加化学物质的家具。

啊，好烫

"道尔，快出来一下！"

一大早，叔叔就喊道尔过来。

"干什么？"

"快来看，给你看看好玩儿的。"

"如果是魔术，我就不要看了。"

道尔还在半梦半醒之间，用沙哑的声音嘟囔一句。

"你快来看看，不是已经醒了嘛。"

"哎哟，好困啊。"

道尔嘟囔着从屋里走了出来。

"你仔细看啊！"

叔叔往透明的玻璃杯里倒满了清水。

然后又将那杯水倒入了另外一个杯子里。咦？

瞬间，透明的水变成了红色。

"哇！"

道尔一下子来了兴致。

"大侦探，你来说说，这是什么原理？"叔叔掩饰不住得意的笑容，问道尔。

　　"那个，嗯……哎哟，我怎么可能知道啊。到底是怎么回事儿呢？"

　　"秘密！"

　　"那，再来一次！"

　　"不行！"

叔叔麻利地将玻璃杯收了起来。

"这里肯定有什么秘密……"

道尔歪着小脑袋，绞尽脑汁思索着。

叔叔却望着被染红的衬衣袖子皱起了眉头。

"哎哟，衣服怎么被染红了，一会儿还要出去呢，怎么办？"

"那就换一件呗。"

"今天必须得穿这件衣服，还是赶紧洗一下，用熨斗熨一熨应该很快就干了。"

叔叔赶紧跑进洗手间，脱下衬衫开始洗。

"啊，我知道那个秘密了！"突然，道尔冲进洗手间，大声喊叫。

叔叔停止洗衣服，回头看道尔。

"叔叔是利用了酸性与碱性的特性表演的魔术，对吧？"

叔叔没有回答，只是轻轻地叹了口气。

"酚酞（fēn tài）遇到碱性溶液就会变成红

酚酞

色，叔叔是利用了酚酞的这个性质，我说对了吧？
嘻嘻。"

"这也是在科学杂志上看到的？"

道尔没有回答，只是调皮地吐了吐舌头，扮
了个鬼脸。

洗完衬衣后，叔叔翻出了熨斗，道尔马上又
凑上前去。

"离远点儿，别烫到你。"

叔叔一边插电源，一边摆着手。

"叔叔，你要熨衬衣？"道尔把屁股往后挪了挪，问道。

"嗯。衣服不算厚，熨一熨，一会儿就干了。"

"我帮你熨吧？"

"不行，弄不好会烫到自己的。"

叔叔努努下巴，示意道尔让开。

"神奇又美丽的魔怪世界，敲敲魔棒变一变！"

叔叔看来兴致很高，竟然自言自语起来。道尔也扯开嗓子跟着唱起来。

"变成金子，哗啦啦！变成金子，哗啦啦！"

叔叔和道尔你看看我我看看你，笑了起来。

皱巴巴的衬衫，随着熨斗的来回熨烫，变得平整起来。

道尔看得两眼发直，觉得熨斗太神奇、太好玩了。

等到衬衫熨好，叔叔一边套上衬衫一边嘱咐：

"道尔，叔叔出去一趟。你要看好家，我回来之前千万不能调皮乱动，什么也不要随便动！"

叔叔显然是不放心道尔，怕他又搞出什么名堂来。

"放心吧！我肯定一个手指头也不动，乖乖等你回来！"

"说好了！"

"你要是不放心，那就不要走了！"

道尔知道叔叔肯定要出门，所以故意说大话。

"你可要真的老老实实待着，知道吗？"叔叔走到门口刚要打开房门时，又回头叮嘱了一下。

"是，是！你就不要担心了，请慢走！"

道尔竖起小指头，表示拉钩答应。

门终于重重地关上了。

道尔就像等着这一刻一样，一路小跑到叔叔没来得及收拾的垫子和熨斗面前。

"就这样邋邋（lā）遢遢（tā），还管我？"

道尔从晾衣架上取下他的小内裤，还湿湿的。

"小道尔的内裤真结实，

韧性好来不怕破。

穿个一千、两千年，

一点问题不会有。

韧性好来又结实。"

道尔也像叔叔一样，像模像样地哼起歌来，准备熨内裤。

"先把这个插好。"

道尔把熨斗的插头插到了插座上，熨斗立刻热了起来。

"小魔怪的内裤脏兮兮，臭烘烘来脏兮兮，两千年不曾洗一洗，臭烘烘来脏兮兮。"

道尔开始熨烫起来，内裤上的褶皱瞬间神奇般地展开。

这时，安全小魔怪听到了道尔的歌声。

"咦，这个家伙，我的内裤没洗，他怎么知道？以为他只知道闯祸惹事，没想到还蛮聪明的。我闻闻有那么臭吗？"

安全小魔怪闻了闻自己的小内裤。

"啊，好臭！"

安全小魔怪按捺不住了。

"赶紧洗洗！"

小魔怪赶忙来到阳台，脱掉自己的小内裤，又从晾衣架上取下一块儿毛巾围在腰间。

而这时，道尔还陶醉地熨着小内裤，只是裤裆那里熨起来不是很顺利。

"这里怎么办好呢？"

道尔想既然做就做好，要把它熨平整。

"哦，有了！"

道尔用手掌托起了内裤的裆部，然后拿起熨斗去熨烫。

"啊，好烫！"

道尔被烫到了，跳起来冲进了洗手间，把水龙头打开，哗啦啦地用凉水冲手掌，疼得嗷嗷叫。

"哎哟，疼死我了！"

等到感觉不那么疼了，道尔才走出洗手间。

他拿起刚才随手扔掉的小内裤，照了照镜子。

"哇，跟新的一样！"

道尔拿着小内裤左看右看。

这时他闻到一股奇怪的气味。

"什么味儿？"

他看了看周围，熨斗下面正袅袅升起黑烟。

道尔吓得赶紧拎起熨斗。客厅地板已经被烧黑了一块儿，正冒着黑烟。

安全小魔怪撇开手里正在洗的内裤，也赶紧赶过来。

"瞧瞧，好好的地板给弄成这样！唉，所以我是一刻也不能松懈啊。我就洗个内裤的工夫，你都能把熨斗烫成这样，还把地板给烧成这副模样……"

道尔此刻忧心忡忡的。

"这下我死定了！"

道尔把熨斗放好，拔掉了插头。拿来抹布把地板擦了擦，但是已经被烧焦的地板，不是靠擦就能挽回的。

晚上叔叔回到家，看到道尔的手和地板，不免心里又咯噔一下。

"你又给我闯了什么祸？"

道尔用蚊子一样的声音把来龙去脉说了一下。

"喂，差点惹出大事！万一着火什么的，你说怎么办？"

叔叔连连叹气。

"地板你不要担心，我给你赔块新的。我存钱罐里有的是钱。"

"你以为我是因为地板才这样？"

"哦……还是我的亲叔叔好啊。我就说嘛，相比地板，叔叔肯定是更心疼自己的小侄子了。"

"才不是呢，是你的闯祸天分让我头疼！"

叔叔拍了拍道尔的后脑勺。

"以后再也不许碰熨斗了！"叔叔冲着道尔大声吼道。

"是！"道尔没脾气地乖乖回答着。

在角落看到这一幕，小魔怪总算松了一口气。

"道尔总是闯祸，以后我可要盯紧了。竟然在屋子里也能搞出这么多名堂，地球的小孩真是不可思议。"

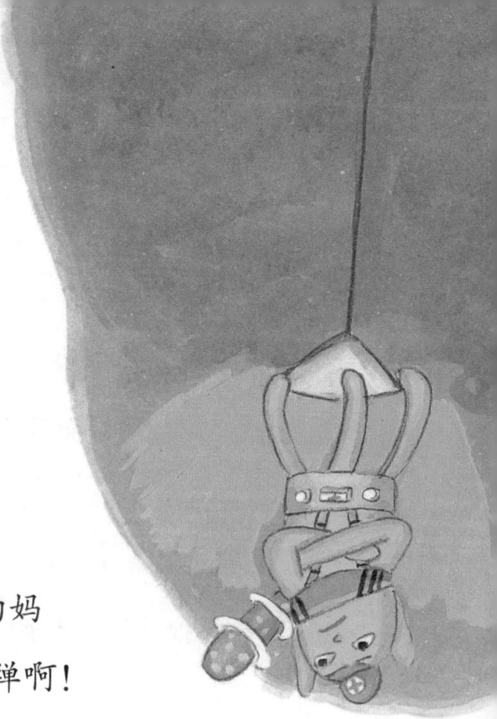

安全小魔怪大概
是来到地球太久了，
竟然忘了一件事。

"哎呀，受不了，
你怎么能天天给我惹事
呢？"

这可是以前小魔怪的妈
妈天天挂在嘴上的口头禅啊！
没想到我们的小魔怪竟然忘了自己也
曾经有过和道尔一样的时候啊。

安全守则牢记心间

叔叔为了出门，熨烫衬衫。熨过的地方，褶皱神奇地一一展开。道尔看着感觉很好玩，等到叔叔出门后，道尔就拿来晾晒的内裤熨烫。一不小心，手掌被滚烫的熨斗烫了一下，差点被烫伤。祸不单行，因为熨斗没有放好，地板又被烧焦了一块儿，差点引发火灾。

熨斗是很容易发生烫伤事故的电器，小朋友千万不能随意模仿大人使用熨斗。熨斗用完后，要拔掉电源，放到安全的地方充分冷却。

🚒 小心烫伤

烫伤是指开水、蒸汽、电器、火等导致皮肤受伤。根据烫伤程度，分为一度、二度、三度烫伤。一度烫伤是指皮肤发红、发烫。如果一度烫伤面积较大，也是非常危险的。二度烫伤是热气渗透到皮肤里，皮肤红肿，产生水疱，感到疼痛。三度烫伤是指皮肤变黑，产生许多水疱。轻则会留下疤痕，重则会威胁到生命。

▲ 烧开水时避免靠近，以免喷出的蒸汽烫到脸部。

94

儿童烫伤事故类别

1 游乐园也会发生烫伤事故。日光强烈的夏天下午，游乐园的滑梯等设施会像"火炉"一样滚烫，这时如果直接接触，很容易发生烫伤事故。

2 电饭锅、熨斗等电器也很容易导致烫伤。被电饭锅、熨斗喷出的蒸汽烫伤，比被开水烫伤更严重。因此熨斗使用后要及时保管好。

3 开水和火也会导致烫伤。洗浴时，热水器喷头喷出的水流或浴盆的水温过高时，也会引发烫伤事故。

4 强酸、强碱等化学物品也会引发烫伤事故。不要乱动家里的化学物品、药品，以免灼伤手、身体或误食发生危险。

5 小朋友不要乱碰火柴、打火机等物品。

▲ 夏天阳光照射强烈的中午时段，避免到游乐园玩耍。

安全守则牢记心间

一 使用电器安全事项

1. 避免过度使用电热毯、电暖器等电器。不要在电水壶、电热扇周围堆放易燃物品。

2. 不要伸手去碰正在运行中的跑步机，也不要随意玩开关。

3. 熨烫衣服时小心操作，以免烫到皮肤。用完熨斗后，要放到安全的地方，等待熨斗充分冷却。

4. 使用吹风机时避免过于靠近头部，也应避免使其掉进有水的浴缸里。

二 使用厨具时的安全事项

1. 不要直接去触碰滚烫的炒勺或电饭锅。烹饪时将隔热棉手套放到旁边备用。

2. 不要靠近喷出滚烫蒸汽的压力锅附近。也不能因为电饭锅工作过程中发出声响而触碰阀门。

> 烹饪时要小心锅具的手柄和盖子

3. 从微波炉、烤箱取出食物时，应佩戴厚的隔热手套。

4. 从饮水机接热水时，避免接水过满，建议使用有手柄的水杯。

5. 餐布应使用粗糙、不易滑落的材质，并避免桌下部分过长。

96

小心"烫"！

三 烫伤时的应急措施

1. 用凉水冲洗烫伤部位。流水冲洗约 20~30 分钟，充分冷却后立刻前往医院。

2. 用冰袋给烫伤部位降温。可在塑料袋内装入适量的冰块儿和水，制作简易冰袋。

3. 如果是穿着衣服被烫伤，则应直接用冷水浇到衣服上面。如果强行脱掉衣服，很容易导致皮肤剥落，更加危险。

烫伤部位可以用冰袋冷却.

4. 皮肤只是发红，呈一度烫伤时，可以涂抹硼酸软膏或凡士林，贴上创可贴。

5. 如果出现水疱，不要扎破，直接在上面涂抹消毒药水后，缠上绷带去医院就诊。

这一点很重要哦!

日光烫伤

夏天，随着室外活动增多，皮肤长期暴露在强烈的日光下，容易导致皮肤晒伤。紫外线过强的时候，暴露在日光下 30 分钟也会导致皮肤红肿、瘙痒，甚至出现水疱。

◎ 如何预防紫外线晒伤

★日光照射强烈的上午 11 点至下午 4 点期间，应避免室外活动。

☆外出时要戴好遮阳帽，穿长袖衣服，涂好防晒霜。

★避免在海边日光浴过久。小朋友如果长时间暴露在强烈日光下，是很危险的。

电梯的秘密

"咦？什么东西？"

叔叔和道尔刚上电梯，就感到脚底有一摊水。

"谁洒的水？"

叔叔看了看脚底，角落里流淌的那摊浑黄的液体，竟然有一股刺鼻的气味。

"是有人撒了尿！"

道尔一眼看了出来，因为小时候他也干过这种事。道尔仿佛又记起小时候，趁电梯没人，偷偷往里边撒尿时的那种紧张和刺激。

"刚消停了一阵，又开始了。"叔叔皱着眉头说。

"怎么，这种事经常发生？"

"嗯，小区物业也做过广播。让业主们管好自己的孩子。不过根本没用。"

"因为小孩都很调皮，不好对付。"

"是不是你小子也干过这事儿？呵呵。"

道尔咧嘴笑了笑。

随后的几天，电梯里经常出现一摊尿。

有时候道尔急着上电梯，一个不留神就会踩到尿液，弄脏了运动鞋；甚至有时候踩到的尿液会迸到腿上，很恶心。道尔渐渐没了耐性。

"到底是哪个小家伙，看我怎么逮住他！"

第三次踩到尿液时，道尔实在忍无可忍，摩拳擦掌地说，等抓到这个"凶犯"，非得在他的屁股上狠狠地留几个大脚印不可。

当第四次又不幸"中奖"踩到尿液时，道尔终于决定开始实行他的计划。

他在电梯里小孩能看得到的高度上贴出了警告信。

> 小家伙！
> 你现在尿尿的样子已经被摄像头录上了。
> 今天就原谅你，但下不为例，否则让警察来把你抓走！

警告信贴出的次日，"敌方"一点动静都没有，显然是警告信起到了一定的威吓作用，电梯里也没看出有人尿过的迹象。

没想到第三天晚上，警告信下面竟然多了一张回信。

是一张吐舌扮鬼脸的画，而且还多了一摊尿。

"过分！"

道尔感到怒火中烧："竟然敢向我道尔发出挑战？好，尽管放马过来！"

　　道尔决定先仔细分析一下对方的身份。因为不管是踢屁股还是打后脑勺，那都是抓到"凶犯"以后才能做的事情。

首先可以断定，这应该不是女孩儿所为。从尿尿的时间和尿液的量来看，应该是大约七八岁的男孩儿干的。

"小学生现在都放假了，但是这个时间段应该都去上补习班了。如果是幼儿园小朋友，他们假期短，所以应该还在上课……如果小孩是跟妈妈一起上的电梯，那么肯定也不敢干这种事。所以可以肯定，这件事一定是平时独自上下电梯的小孩儿干的。"

随后，道尔根据自己的经验，又对男孩儿可能住的楼层进行了缜密的分析。通常从1楼上楼时电梯里人比较多，所以肯定不是1楼、2楼的男孩儿。3、4楼也太低，不适合"作案"。电梯至少要坐到7、8楼，才有时间去撒尿。另外，相比电梯下降时，趁着电梯上楼时尿尿的可能性更大一些。

就这样，道尔将"嫌疑犯"的范围逐渐缩小了：只需查一下从7、8楼到15楼，一共多少人家有小孩就可以了。

道尔来到了公寓的门卫室。

"您好，叔叔！最近您有没有看到有个小男孩儿自己一个人在这个时间段上下电梯啊？"

道尔把自己要抓住电梯尿尿主犯"事件"的雄心壮志跟门卫叔叔讲了出来。

"那再好不过了。我们这些天就头疼这件事了。"

门卫叔叔把自己感觉嫌疑最大的几个小孩也告诉了道尔。

"看来范围锁定在这几个小孩身上就可以了，太好了！"

随着"案件调查"进展得越深，道尔的兴致也越来越高，总感觉自己天生就是当侦探的料。

"咦，将来当个侦探也不错哦。老爸真是有先见之明，给我取了个好名字。"

道尔觉得总算可以干一件能跟自己名字相符的大事，心里不免一阵激动。

本来是铆足了劲儿想要好好来个捕捉行动的，

没想到"罪犯"却意外地轻易被抓，弄得道尔很扫兴。当时，道尔正在1楼电梯口等电梯，看到电梯在8楼停了一小会儿，然后直接到了1楼。电梯门刚打开，就冲出一个男孩儿。

道尔从对方那闪烁的眼神中看出，这肯定是那个在电梯里撒尿的调皮蛋。

"你站住！"

"嗯……"

小家伙怔了一下，道尔本能地朝电梯里瞄了

一眼。果不其然，电梯角落有一摊尿液。

道尔一把抓住了小孩的胳膊。

"小家伙！"

"放开！"

男孩儿向后扯着用力挣脱着。

"好，我放开你，然后让警察叔叔过来，怎么样？到时候连你的爸爸妈妈也要被抓走了。"

道尔一吓唬，男孩儿就不再挣扎了。

道尔把男孩儿带到了外面。像这种古灵精怪的孩子警戒心特别强，如果让他跟着去家里"谈判"，他肯定不会答应。

"你叫什么？"道尔一边领着男孩儿朝着小区游乐园方向走，一边问道。

"小虎。哥哥你叫什么？"

"我？道尔。"

刚才还惊恐万分的小虎，一会儿工夫又恢复了活蹦乱跳。

"告诉我，你为什么往电梯里尿尿？我不是要教训你，实不相瞒，我小时候也干过。"

小虎听了嘿嘿笑。

"好玩嘛！"

他们从公寓门口走到小区游乐园这一路上，小虎一刻也没闲着，在路边停着的汽车玻璃窗上涂鸦一通，又踹踹汽车轮胎，还撕下了告示栏上面的通知。

"你怎么一刻也不老实？"

刚说完，道尔就想起这不是平时大人常对自己说的话吗？于是扑哧笑了一下。

"哥哥，我只是闹着玩的。"

道尔一把抓过小虎的手腕。

"我看你简直是惹事大王。"

"哇，你怎么知道我的外号？"

小虎一脸惊讶的表情。

"你上学了没有？"

"嗯，一年级。我要回家了，我饿了。"

刚到游乐园入口，小虎就要转身走开。

道尔重新把小虎给拽了回来。好不容易逮到，哪能就这么放了啊？不管是硬的软的，总得想个办法才行。

"去我家吧，让你吃好吃的。对了，你喜不喜欢魔术？我叔叔可是魔术师呢！"

听到"魔术"两个字，小虎的眼睛又亮起来。

"来吧，既有好吃的，又可以看魔术！"

于是小虎跟着道尔来到叔叔家里。

幸好叔叔在家。道尔冲着叔叔挤挤眼，做出尿尿的动作。

"哦，原来是这个小孩。"叔叔会意地点点头。

"我家道尔真是了不起！"

道尔拿来了面包和冰激凌。

"快给我看看魔术表演！"

小虎刚咬了一口面包，就开始嚷着要看魔术。

叔叔开始了他的魔术表演。

"小朋友，看这里！"

叔叔用橡皮筋做了一个"8"。

"我最喜欢橡皮筋魔术了！"小虎眼睛瞪得圆溜溜地说。

叔叔咧嘴笑了笑，把"8"型橡皮筋套在了双手上，然后在右手上方放了一张纸。

"看好了！"

叔叔双手合十，像祈祷一样，然后手背朝上将手打开，纸竟然挪到了橡皮筋的下面。

"哇！"

小虎不禁欢呼起来，叔叔也笑开了花。

"再来一个！"

难得遇到一个捧场的，叔叔便兴致勃勃地大显身手，表演起他的魔术绝技。就这样，时间过了好久。

"小虎，我送你回家吧。"

道尔打算把小虎送到家，并嘱咐他以后不要再随地尿尿。

道尔牵着小虎的小手走出了家门。

"嗞嗞，开门！"

电梯还没在15楼停稳，小虎就靠到了电梯门上。

"小心！"

道尔一把把小虎拽过来。小虎嬉皮笑脸地跑进了电梯，然后把楼层按钮胡乱地按了一通。

想到自己小时候也这样干过，于是道尔也跟着随便按了按钮。

就在这时，电梯突然"咯噔"停了下来，里面的灯也灭了。

"我的妈呀！"

小虎一下子把脸藏到了道尔的怀里，道尔也紧紧搂着小虎，尽管他自己也很怕。

"哥哥，我害怕。"

"别动。"

道尔强忍着恐惧，一步一步挪到门口。然后摸索着电梯仪表板上的紧急呼救键。

"你好，请问什么事？"

"叔叔，电梯坏了，灯也不亮了！"

"知道了，我们马上派人去修，不要担心，耐心等等。"

道尔觉得眼泪马上要夺眶而出了，于是把小虎抱得更紧。

"电梯要多久才能修好呢？"

道尔感到两腿发软，嘴唇也干得厉害。

就在这时，电梯重新动了起来。原本搂抱在一起的道尔和小虎都被吓了一跳。

原来是安全小魔怪费尽力气，把电梯安全降到了楼下。

电梯门打开，道尔和小虎走出电梯。刚好这时，管理员叔叔和修理工也到了。

　　"你们肯定吓坏了吧？怎么样，没伤到什么地方吧？"

　　"没有。"

　　"我们要把电梯修一下，你们快回去吧。"

　　道尔领着小虎，重新爬上了8楼。

　　"哥哥，再见！我以后再也不会在电梯里撒尿了。"

114

走进家门之前，小虎冲着道尔挥了挥手。刚才一场惊心动魄的电梯遭遇，道尔早已忘了，这才又想了起来，欣慰地舒了一口气。

"嗯，一定要说话算数哦！"

道尔冲着小虎灿烂地笑了笑。

"是不是在大人眼里，我跟那个小孩没两样？"

道尔一边朝着楼上走，一边自言自语道。这话被安全小魔怪听到了，他认可地连连点头。

"知道就好。"

夜深了，安全小魔怪忙着整理行李。难道是要回到星球故乡了？如果是那样，那该多好啊。不！他这是要跟着道尔回家。因为他知道道尔是个闯祸大王，离不开自己，他必须得管着这个孩子。

"唉，不知道明天道尔又会闯什么祸……"

叔叔住的公寓里，最近经常有人在电梯里偷偷撒尿。道尔贴上了警告信，却无济于事。于是道尔按照自己的推理方法，终于找到了叫小虎的小男孩儿。

为了劝导小虎"改邪归正"，道尔把小虎领到了叔叔家里，拿出好吃的，又热情地请他观看叔叔的魔术表演。

道尔坐电梯送小虎回家时，淘气包小虎把电梯的按钮乱按一通，导致电梯突然停止运行。道尔摁了紧急呼救键和门卫室取得了联系，并告知了他们当前的处境，请求援助。

电梯是大家公用的设备，不能随意在电梯内撒尿或者乱按电梯按钮，以免影响大家的正常使用或造成电梯故障。

▲ 只有在发生危险时才能使用电梯紧急呼救键。

🚗 电梯紧急呼救键

电梯发生故障或突然停止运行时，按下电梯内的紧急呼救键。平时应多留意这些呼救键所在的位置，当发现呼救键发生故障时，要及时通报门卫室或电梯制造商，要求及时维修。不可乱按楼层按钮，以免造成电梯运行故障。乘坐过程中也应避免用胳膊无意触碰的现象发生。

电梯事故类别

1 在电梯口等候电梯或乘坐电梯时，如果身体倚靠电梯门，可能会在电梯门开启时发生跌落事故。要知道，电梯门远比我们想象得脆弱。

2 电梯分为客梯、医用电梯、货梯、汽车专用电梯等。千万不要乘坐汽车专用电梯。过去的汽车专用电梯门之间的缝隙过大，很容易发生跌落事故。

3 不在电梯门即将关闭时抢着进入或跑出电梯，以免夹到发生事故。应该沉着冷静，先按下开启键，或等下一趟电梯。

4 电梯卡在楼层之间时，即便是电梯门可以开启，也千万不要试图出来。因为电梯随时有可能重新启动。

▲ 千万不要乘坐货梯或汽车专用梯。这些电梯的按键操作方式以及门开启的方式，都不同于普通客梯，很容易发生危险。

一 乘坐电梯需注意

1. 电梯门开启时不要急于进电梯，应先观察脚下是否有电梯轿厢底盘再迈步。

2. 乘坐电梯时，等到里面的人出来后再进电梯。如果人过多，自觉等候下一趟电梯。

3. 前面的人进入电梯后自觉按住"开门"键，便于后面的人有序进电梯。电梯门要关闭时，千万不要试图伸手或伸腿挡住，以免发生危险。

   要记住，有时候电梯轿厢的底盘是会不翼而飞的，一定要记住

4. 不要骑车或穿着轮滑 坐电梯。

5. 遵守电梯定额人数或承重标准，电梯提示超重时，最后上电梯的人自觉退出。

二 下电梯时需注意

1. 等到电梯门完全打开时，再下电梯。电梯门正在开启的过程中试图挤出去，很容易被夹伤。

   下电梯时避免挤到别人

2. 电梯内较拥挤时，可以提前走到门口等候，以免电梯门打开时从后面慌忙挤出人群。

3. 下电梯的人较多时，靠近按键盘最前方的人，自觉按住开门键。

4. 不要在电梯夹缝扔废纸或异物垃圾，以免导致电梯出现故障。

三 乘坐电梯应遵守的规则

1 选择自己要下的电梯楼层键按好，不要触碰紧急呼救键。

2 带着宠物狗等宠物上电梯时，应抱在怀里，以免影响别人。如果是拿着行李，应在角落放好。

3 不倚靠电梯门，尽量站在电梯中央。

倚靠在电梯门很危险

4 不要在电梯上跺脚、蹦跳。不要跨坐在电梯内的手柄上。

这一点很重要哦！

电梯突然停止运行时怎么办？

住宅公寓、商店、医院、写字楼大厦等都设有电梯。电梯是使用频率很高的设备，所以要经常定期维护和修理。如果不幸被困在电梯里，也不要慌张，应沉着冷静，按下紧急呼救键。

◎ 求助

★按紧急呼救键，或敲击电梯墙面，提醒外面的人有人被困。
☆用手机立刻拨打 110，告知详细的情况。
★不要强行掰开电梯门，或者爬到电梯上方的换气口上。
☆当救援历时较长时间时，不要慌张，尽量保持平静，坐在地板上耐心等待。
★当电梯门重新开启时，不要急于出去，先观察好外面情况，正常后再走出电梯。

安全心得

安全心得

图书在版编目（CIP）数据

道尔家的安全小魔怪：家庭安全 / [韩] 奉贤珠著；李贵顺译．
——济南：山东科学技术出版社，2014（2015. 重印）
ISBN 978-7-5331-7587-0

Ⅰ．①道 … Ⅱ．①奉 … ②李 … Ⅲ．①生活安全—少儿读物
Ⅳ．① X956-49

中国版本图书馆 CIP 数据核字 (2014) 第 176488·号

图字 15-2013-144

儿童安全童话
道尔家的安全小魔怪 —— 家庭安全

[韩]　奉贤珠/著
[韩]　金媚希/绘
李贵顺/译

主管单位：山东出版传媒股份有限公司
出 版 者：山东科学技术出版社
　　　　　地址：济南市玉函路 16 号
　　　　　邮编：250002　电话：(0531)82098088
　　　　　网址：www.lkj.com.cn
　　　　　电子邮件：sdkj@sdpress.com.cn
发 行 者：山东科学技术出版社
　　　　　地址：济南市玉函路 16 号
　　　　　邮编：250002　电话：(0531)82098071
印 刷 者：济南鲁艺印刷有限公司
　　　　　地址：济南工业北路182－1号
　　　　　邮编：250101　电话：(0531)88888282

开本：850mm×1168mm 1/32
印张：4
版次：2014 年 6 月第 1 版　2015 年 6 月第 2 次印刷

ISBN 978-7-5331-7587-0
定价：18.20 元